BEI GRIN MACHT SICH IHR WISSEN BEZAHLT

Evan Ramos

Schiefe Asymptoten und Näherungskurven

Die vier Fälle von gebrochenrationalen Funktionen

GRIN Verlag

Bibliografische Information der Deutschen Nationalbibliothek:

Die Deutsche Bibliothek verzeichnet diese Publikation in der Deutschen National-
bibliografie; detaillierte bibliografische Daten sind im Internet über http://dnb.d-
nb.de/ abrufbar.

Impressum:

Copyright © 2014 GRIN Verlag GmbH
Druck und Bindung: Books on Demand GmbH, Norderstedt Germany
ISBN: 978-3-656-84034-3

Dieses Buch bei GRIN:

http://www.grin.com/de/e-book/283246/schiefe-asymptoten-und-naeherungskurven

SCHIEFE ASYMPTOTEN UND NÄHERUNGSKURVEN

FACHARBEIT

Evan Ramos

Inhalt

Einleitung

Eine häufig sehr interessante Eigenschaft von Funktionen ist ihr Verhalten im Unendlichen. Man analysiert hier, wie sich ein Funktionsgraph für immer größer bzw. kleiner werdende x-Werte verhält.

Dieses Wissen ist bei Kurvendiskussionen oft hilfreich, da sich das Verhalten oft nicht gleich aus dem Funktionsterm auslesen lässt. Wenn ich weiß, wie die Funktion sich für x gegen Unendlich verhält, bin ich in der Lage, diese Information direkt auf die Skizze zu übertragen und mögliche Fehler frühzeitig zu erkennen.

Es werden hier im Allgemeinen zwei Fälle unterschieden: Die Funktion wächst sozusagen ins Unendliche (∞), oder nähert sich einem bestimmten Grenzwert an, den es durch Umformung des ursprünglichen Funktionsterms zu bestimmen gilt.

In der vorliegenden schriftlichen Ausarbeitung wird das Verhalten von gebrochen rationalen Funktionen näher beleuchtet und dabei die vier auftretenden Fälle untersucht. Die ersten beiden wurden im Unterricht schon behandelt und nur der Vollständigkeit halber hinzugenommen.

1. Gebrochenrationale Funktionen
I. Form

Die Form von gebrochenrationalen Funktionen sollte man bei der Untersuchung des Verhaltens im Unendlichen immer im Hinterkopf behalten. Es sei eine Funktion f(x) gegeben, die durch den Quotienten zweier ganz rationaler Polynome bestimmt ist: das Zählerpolynom g(x) mit dem Zählergrad und das Nennerpolynom h(x) mit dem Grad n. Diese Funktion nennt man gebrochenrational.

Allgemeine Form

$$f(x) = \frac{p(x)}{q(x)} = \frac{a_z x^z + a_{z-1} x^{z-1} + \cdots + a_1 x + a_0}{b_n x^n + b_{n-1} x^{n-1} + \cdots + b_1 x + b_0}$$

Ist n > 0 und z < n, so handelt es sich um eine echt gebrochenrationale Funktion und ist n > 0 und z ≥ n, so handelt es sich um eine unecht gebrochenrationale Funktion. Diesen letzten Fall kann man durch Polynomdivision in eine ganzrationale Funktion und einen gebrochenrationalen Rest aufgeteilt werden.

1. Gebrochenrationale Funktionen
II. Verhalten im Unendlichen
a) Zählergrad < Nennergrad

Betrachten wir zunächst den ersten Fall, nämlich wenn der Zählergrad z einer gebrochenrationalen Funktion kleiner als der Nennergrad n ist. Das kann man beispielhaft an einer Funktion dieser Art machen. Nehmen wir die Funktion $f(x) = \frac{2x+1}{x^2+x-6}$. Untersucht wird ihr Verhalten im Unendlichen, dementsprechend setzt man exemplarisch sehr hohe x-Werte ein, beispielsweise eine Millionen. Eingesetzt würde das so aussehen: $f(1000000) = \frac{2*1000000+1}{1000000^2+1000000-6}$. Im Zähler hätten wir somit 2'000'000 stehen (die 1 kann man für große x-Werte vernachlässigen) und im Nenner 1'000'000 im Quadrat. Die Million im Quadrat dominiert hier allerdings über die zwei Millionen. Somit, und weil die Million im Quadrat im Nenner steht, wird der Term für große x-Werte gleich 0. Man schreibt $\lim\limits_{x\to\pm\infty} f(x) = 0$.

Die Funktion nähert sich im Unendlichen also beliebig 0, was uns zur waagerechten Asymptote y = 0 führt. Die allgemeine Asymptotengleichung für den Fall, dass der Zählergrad kleiner dem Nennergrad ist, ist also y = 0.

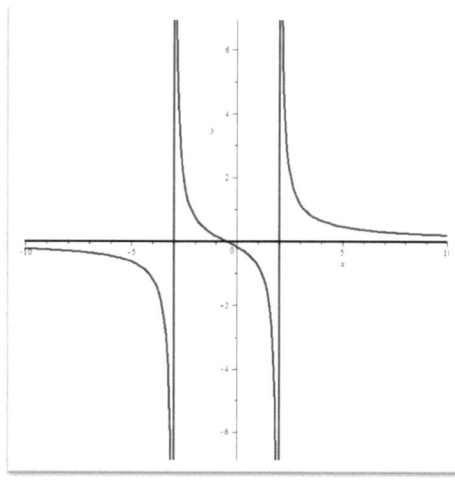

Graph der Funktion f(x) und ihrer waagerechten Asymptote:

Man erkennt, dass sich die Funktion f(x) (in Rot) immer mehr der x-Achse, ihrer waagerechten Asymptote (in Blau) annähert.

Anmerkung: Die Farben Rot für die zu untersuchende Funktion und Blau für die Asymptote bzw. Näherungskurve, an die sich die Funktion im Unendlichen anschmiegt, werden die Ausarbeitung hindurch für die jeweiligen Funktionsgraphen beibehalten. Die senkrechten Geraden sind jeweils die Polstellen, also Definitionslücken der Funktion und fälschlicherweise eingezeichnet. Diese sind unbeachtet zu lassen.

4

1. Gebrochenrationale Funktionen
II. Verhalten im Unendlichen
b) Zählergrad = Nennergrad

Kommen wir zum zweiten Fall, nämlich wenn der Zählergrad einer Funktion gleich dem Nennergrad ist. Das spielen wir anhand einer Beispielfunktion wieder durch, diesmal mit der Funktion $f(x) = \frac{2x+1}{3x-6}$. Wieder wird das Verhalten im Unendlichen untersucht. Hierfür kann man sich der Methode des Ausklammerns bedienen. Nach diesem Schema hätte man auch im ersten Fall verfahren können, dort wurde es allerdings auch ohne Ausklammern hinreichend klar. Man klammert demnach x aus, wir erhalten den Funktionsterm $f(x) = \frac{x\left(2+\frac{1}{x}\right)}{x\left(3-\frac{6}{x}\right)}$ und können im nächsten Schritt aus Zähler und Nenner kürzen. Übrig bleibt im Zähler $2 + \frac{1}{x}$ und im Nenner $3 - \frac{6}{x}$. Da die gebrochenrationalen Terme $\frac{1}{x}$ und $-\frac{6}{x}$ für große x-Werte Null werden, können wir sie (zumindest im Kopf) wegstreichen. Übrig bleiben würde $\frac{2}{3}$. Zwei Drittel ist also die horizontale Asymptote der Funktion f(x). Allgemein kann man also sagen: $\lim_{x \to \pm\infty} f(x) = c$, wobei c ein konstanter Wert und gleichzeitig der Achsenabschnitt der Asymptote ist.

Die Funktion nähert sich im Unendlichen also beliebig dem Wert $\frac{2}{3}$. Allgemein lässt sich für eine gebrochenrationale Funktion mit gleichem Zähler- und Nennergrad also die Asymptotengleichung $y = \frac{a_z}{b_n}$ aufstellen. Dabei sind a_z und b_n , wenn man jetzt an die allgemeine Form gebrochenrationaler Funktionen vom Beginn denkt, jeweils die Koeffizienten der Exponenten, die das Verhalten der Funktion bestimmen.

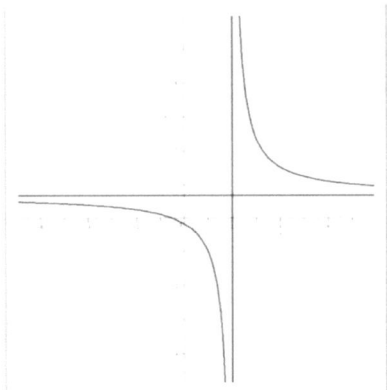

Graph der Funktion f(x) und ihrer Asymptote:

Deutlich wird, dass es sich bei der Asymptote um eine waagerechte Gerade handelt, die in y-Richtung verschoben ist.

2. Schiefe Asymptoten (z = n+1)

Kommen wir zum dritten auftretenden Fall, nämlich wenn der Zählergrad z um genau eins grösser ist als der Nennergrad n. Das können wir wieder beispielhaft an einer entsprechenden Funktion machen, in diesem Fall $f(x) = \dfrac{2x^2 - 3x - 1.5}{x-2}$. Das Ausklammern von x würde uns hier auf den Term $f(x) = 2x$ bringen. Nach diesem Schema kann man bei Schiefen Asymptoten allerdings nicht vorgehen. Es reicht zur Annäherung an die Funktionsgleichung der Asymptote, jedoch nicht zur Bestimmung derselben. Bestimmt werden kann sie durch Polynomdivision, was in Kapitel 3 näher erläutert wird. Die Asymptote der Funktion f(x), das kann man an dieser Stelle schon sagen, ist 2x + 1, was unserer Annäherung durch Ausklammern nahe kommt.

Da die Umformung des ursprünglichen Funktionsterms zur Asymptotengleichung in jedem Fall die Variable x enthält, deren Koeffizient die Steigung der Asymptote ist, wird der Funktionswert von f(x) im Unendlichen auch Unendlich. Es gilt also $\lim\limits_{x \to \pm\infty} f(x) = \infty$.

Die allgemeine Gleichung der schiefen Asymptote ist also die Gleichung einer Geraden, wir erhalten $g(x) = mx + c$, wobei der Koeffizient m die Steigung der Asymptote und der konstante Wert c der Achsenabschnitt ist. Die Bezeichnung g(x) wurde beliebig gewählt.

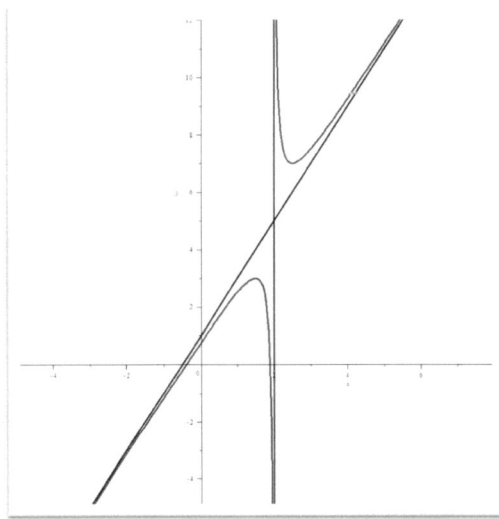

Graph der Funktion f(x) und der zugehörige Graph der Asymptotengleichung g(x):

Wir erhalten in diesem Fall eine Gerade mit der Steigung 2 und dem Achsenabschnitt 1.

6

3. Polynomdivision

Wie schon im vorherigen Punkt angedeutet, wird jetzt das Werkzeug beleuchtet, mit dem man die Gleichung schiefer Asymptoten bestimmen kann. Die Polynomdivision ist ein Verfahren in der Mathematik, mit dem sich eine gebrochenrationale Funktion in einen ganzrationalen Hauptteil Q und einen gebrochenrationalen Rest R umformen lässt. Der Rest muss dabei nicht immer auftreten. Das ganze sieht im Allgemeinen so aus: $\frac{P_1}{P_2} = Q + R$, wobei P_1 das Zählerpolynom und gleichzeitig Dividend des Quotienten und P_2 das Nennerpolynom und Divisor nach der allgemeinen Polynomform sind. Die Polynomdivision ähnelt dabei dem Dividieren von ganzen Zahlen mit Rest aus der Grundschule, nur dass hier eben Terme dividiert werden.

Im Folgenden wird das Verfahren anhand eines Beispiels erläutert:

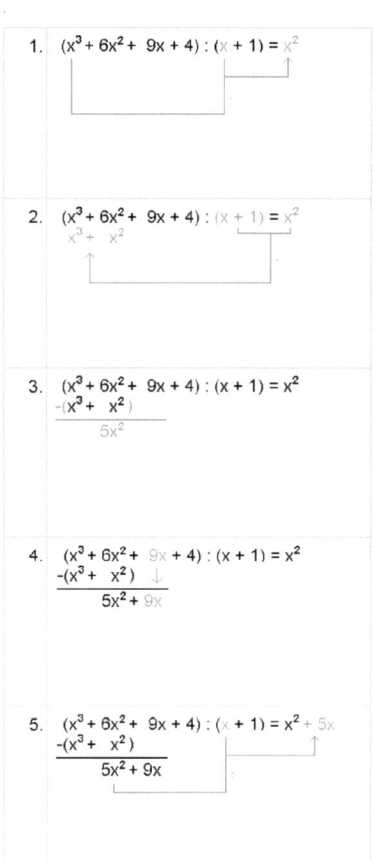

1. Man sucht die höchsten Exponenten aus Dividend und Divisor und teilt diese durcheinander. Das Ergebnis wird hinter das Gleichheitszeichen geschrieben.

2. Nach dem Dividieren führt man die Rückmultiplikation durch, d.h. man multipliziert das Ergebnis des ersten Schrittes mit allen Summanden des Divisors und schreibt das Ergebnis unter den Dividenden.

3. Nachdem selbe Exponenten untereinander geschrieben wurden, kann man diese gut voneinander abziehen. Dabei wird der ganze Term subtrahiert, daher die Klammer.

4. Die Differenz wird unter den Subtraktionsstrich geschrieben. Summanden aus dem oberen Term, für die kein äquivalenter Exponent im Subtrahend zu finden ist, werden unverändert übernommen.

5. Wurde subtrahiert, beginnt das Verfahren (Schritt 1-4) von vorne: Man teilt höchste Exponenten durcheinander, wobei diesmal der Dividend der Term ist, der aus der Subtraktion hervorgeht...

3. Polynomdivision

6. $(x^3 + 6x^2 + 9x + 4) : (x + 1) = x^2 + 5x$ $\underline{-(x^3 + x^2)}$ $5x^2 + 9x$ $5x^2 + 5x$	6. … führt die Rückmultiplikation durch…
7. $(x^3 + 6x^2 + 9x + 4) : (x + 1) = x^2 + 5x$ $\underline{-(x^3 + x^2)}$ $5x^2 + 9x$ $\underline{-(5x^2 + 5x)}$ $4x$	7. … subtrahiert das Ergebnis davon von dem Term, der aus der ersten Subtraktion hervorging…
8. $(x^3 + 6x^2 + 9x + 4) : (x + 1) = x^2 + 5x$ $\underline{-(x^3 + x^2)}$ $5x^2 + 9x$ $\underline{-(5x^2 + 5x)}$ $4x + 4$	8. … schreibt das Ergebnis wieder unter den Strich und übernimmt unangetastete Summanden einfach…
9. $(x^3 + 6x^2 + 9x + 4) : (x + 1) = x^2 + 5x + 4$ $\underline{-(x^3 + x^2)}$ $5x^2 + 9x$ $\underline{-(5x^2 + 5x)}$ $4x + 4$	9. … sucht wieder dieselben Exponenten und teilt diese durcheinander…
10. $(x^3 + 6x^2 + 9x + 4) : (x + 1) = x^2 + 5x + 4$ $\underline{-(x^3 + x^2)}$ $5x^2 + 9x$ $\underline{-(5x^2 + 5x)}$ $4x + 4$ $4x + 4$	10. … multipliziert mit dem Term des Divisors, der immer gleich bleibt, zurück…
11. $(x^3 + 6x^2 + 9x + 4) : (x + 1) = x^2 + 5x + 4$ $\underline{-(x^3 + x^2)}$ $5x^2 + 9x$ $\underline{-(5x^2 + 5x)}$ $4x + 4$ $\underline{-(4x + 4)}$ 0	11. … und subtrahiert wieder voneinander. Ist das Ergebnis Null, ist die Polynomdivision beendet und der Term hinter dem Gleichheitszeichen ist die umgeformte Funktion.

Hat die Differenz aus der Subtraktion einen kleineren Exponenten als der Divisor (bzw. weist keine Variable auf), muss diese als Quotient zum gleichbleibenden Divisor übernommen werden und das Ganze als Summand dem Term hinter dem Gleichheitszeichen hinzugefügt werden. Das ist dann der gebrochenrationale Rest, der im Unendlichen gegen Null läuft und somit bei der Asymptotengleichung weggelassen werden kann.

4. Näherungskurven (z > n+1)

Der vierte und somit letzte Fall des Verhaltens von gebrochenrationalen Funktionen im Unendlichen widmet sich den sogenannten Näherungskurven. Es wird hierfür auch gelegentlich der Begriff „asymptotische Kurven" verwendet, gemeint ist in beiden Fällen dasselbe. Näherungskurven treten dann auf, wenn der Zählergrad z mehr als eins grösser ist als der Nennergrad n. Eine Funktion, die nach diesem Schema aufgebaut ist, ist beispielsweise $f(x) = \frac{x^3 + \frac{1}{2}x^2 + 2x}{2x - 1}$. Die Umformung dieser Funktion durch Polynomdivision und das anschließende Weglassen des gebrochenrationalen Rests führt uns zur Gleichung der Näherungskurve $g(x) = \frac{1}{2}x^2 + \frac{1}{2}x + \frac{5}{4}$. Wir können jetzt schon ablesen, dass es sich um eine gestauchte Parabel handelt.

Da, wie im Fall der schiefen Asymptoten, die Umformung des ursprünglichen Funktionsterms zur Asymptotengleichung in jedem Fall die Variable x enthält, wird der Funktionswert von f(x) im Unendlichen auch Unendlich. Es gilt also $\lim_{x \to \pm\infty} f(x) = \infty$.

Nennenswert ist auch, dass der Funktionsgrad der Näherungskurve ≥ 2 sein muss. Ist der Funktionsgrad nämlich $= 1$, so handelt es sich um eine schiefe Asymptote und weist die Funktion der Asymptote keine Variable x auf, so nähert sich die zu untersuchende Funktion der x-Achse oder einer Gerade parallel der x-Achse.

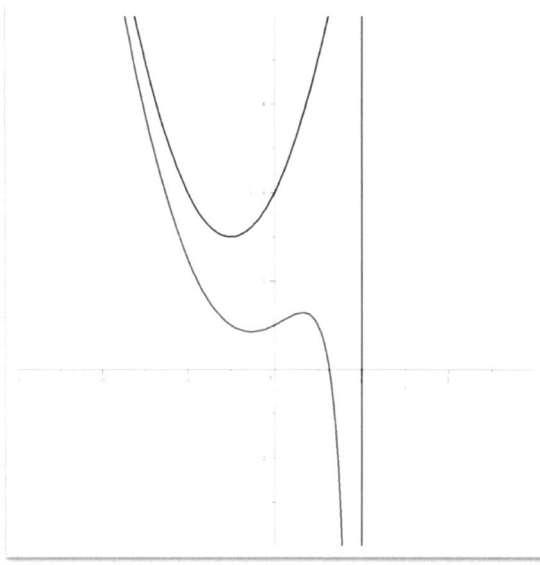

Graph der Funktion f(x) und ihrer zugehörigen Näherungskurve g(x):

Wir erhalten eine in x- und y-Richtung verschobene und gestauchte Parabel, der sich die Funktion f(x) im Unendlichen beliebig annähert.

5. Zusammenfassung

Da nun alle vier Fälle genauer erläutert wurden, wird im Folgenden alles kurz und übersichtlich zusammengefasst.

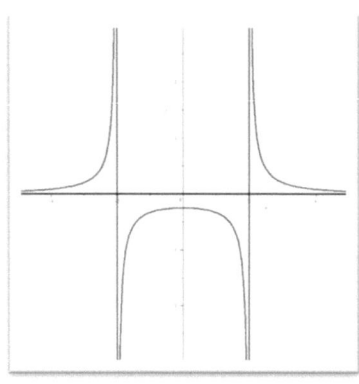

1. Fall: z < n

Wir erhalten die x-Achse als waagerechte Asymptote und somit $\lim_{x \to \pm\infty} f(x) = 0$.

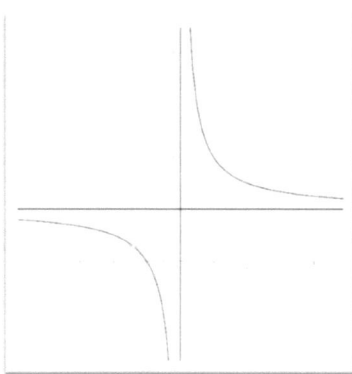

2. Fall: z = n

Die Asymptote für den Fall, dass der Zählergrad dem Nennergrad entspricht, ist eine Gerade parallel zur x-Achse, die in y-Richtung verschoben ist. Es gilt $\lim_{x \to \pm\infty} f(x) = c$.

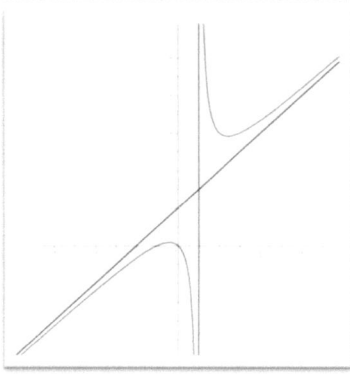

3. Fall: z = n + 1

Ist der Zählergrad genau eins grösser als der Nennergrad, so erhalten wir eine schiefe Asymptote mit der Form der allgemeinen Geradengleichung. Der Funktionswert strebt hier gegen Unendlich, wir erhalten also $\lim_{x \to \pm\infty} f(x) = \infty$.

5. Zusammenfassung

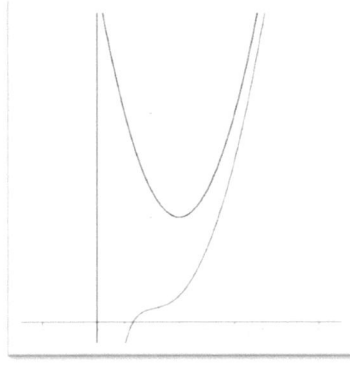

4. Fall: z > n + 1

Tritt der Fall auf, dass der Zählergrad mehr als eins grösser ist als der Nennergrad, so erhalten wir eine Näherungskurve, der sich die zu untersuchende Funktion im Unendlichen beliebig annähert. Die Funktionswerte verhalten sich wie bei den schiefen Asymptoten: $\lim\limits_{x \to \pm\infty} f(x) = \infty$.

Kennt man erstmal diese vier beleuchteten Fälle und das Verfahren der Polynomdivision, steht der Untersuchung des Verhaltens jeder gebrochenrationalen Funktion im Unendlichen nichts im Weg.

6. Quellenverzeichnis

❖ http://www.real-mod.de/attachments/article/180/Funktionen%20A4_1112.pdf, abgerufen am 29.03.2014

❖ http://www.poenitz-net.de/Mathematik/4.Funktionen/4.6.A.Rationale%20Funktionen.pdf, abgerufen am 29.03.2014

❖ http://www.schulportal.bremerhaven.de/lsh/materialien/umaterial/Mathematik/gebr_ratFkt.pdf, abgerufen am 30.03.2014

❖ http://www.klett.de/web/uploads/732760_LS11_BY_014_015.pdf, abgerufen am 30.03.2014

❖ http://mathenexus.zum.de/html/analysis/funktionen_gebrochenrationale/weiterfuehrendes/gebro_04_Asys.htm, abgerufen am 30.03.2013

❖ http://www.netalive.org/rationale-funktionen/chapters/3.html, abgerufen am 30.03.2013

❖ http://www.onlinemathe.de/forum/Schiefe-Asymptoten-und-Polynomdivision, abgerufen am 31.03.2013

❖ http://www.onlinemathe.de/forum/Berechnung-einer-schiefen-Asymptote, abgerufen am 31.03.2013

❖ http://s227403015.online.de/mod/glossary/view.php?id=275&mode=&hook=ALL&sortkey=&sortorder=&fullsearch=0&page=1, abgerufen am 31.03.2013

Abbildung auf Seite 8 und 9:

❖ http://www.zum.de/Faecher/M/NRW/pm/mathe/sfs0001.htm

Alle weiteren genutzten Abbildungen wurden mit dem Computeralgebrasystem Maple selbst erstellt.

❖ http://www.maplesoft.com/products/maple/